乐高**机器人**
培训丛书

机器人特工
训练营

搭建指南（上）

 张海兵 徐茜茜 编著

U0352107

清华大学出版社
北京

内 容 简 介

本书与《机器人特工训练营——搭建指南（上）B》配套使用，以LEGO 9686为教具，以特工训练营的系列故事为主线，引导学生亲手搭建相应的机器人硬件，解决故事中遇到的实际问题。全书通过奇特的形状、瞭望塔、桁架桥、斜拉桥、桌子、折叠椅、万向推车、不倒翁、跷跷板、天平、齿轮组合、陀螺、搅拌器、手钻和道闸15个教学活动案例，使学生初步建立对相关基础知识和原理的感知与认知，提升建构能力、动手能力、创造能力以及独立解决问题的能力，同时培养学生的团队合作精神。

本书可作为中小学或校外机构的教学用书，也可作为学生的自学手册。

图书在版编目（CIP）数据

机器人特工训练营 . 搭建指南 . 上 . A / 张海兵，徐茜茜编著 . — 北京：清华大学出版社，2017（2020.8重印）

（乐高机器人培训丛书）

ISBN 978-7-302-46567-6

Ⅰ . ①机… 　Ⅱ . ①张… 　②徐… 　Ⅲ . ①智能机器人 – 青少年读物 　Ⅳ . ① TP242.6-49

中国版本图书馆 CIP 数据核字（2017）第 030132 号

责任编辑：帅志清
封面设计：傅瑞学
责任校对：袁　芳
责任印制：杨　艳

出版发行：清华大学出版社

网　　　址：http://www.tup.com.cn, http://www.wqbook.com

地　　　址：北京清华大学学研大厦 A 座　　　　邮　　编：100084

社　总　机：010-62770175　　　　　　　　　　邮　　购：010-62786544

投稿与读者服务：010-62776969, c-service@tup.tsinghua.edu.cn

质量反馈：010-62772015, zhiliang@tup.tsinghua.edu.cn

印 装 者：涿州汇美亿浓印刷有限公司

经　　销：全国新华书店

开　　本：203mm×260mm　　　印　　张：5.5　　　字　　数：104 千字

版　　次：2017 年 6 月第 1 版　　　　　　　　　印　　次：2020 年 8 月第 3 次印刷

定　　价：29.00 元

产品编号：070095-01

丛书编委会

主　编：郑剑春

副主编：张　悦　张海兵

编　委：（按拼音排序）

白玉华　郭宝华　郝劲峰　胡海洋

梁　潆　邱　甜　王晓薇　徐　晨

徐茜茜　许思鹏　于　啸　袁文霖

张国庆　赵小波

编写说明

在全面推行素质教育的大背景下，随着现代社会人工智能应用范围的日趋广泛，能够全面锻炼学生综合素质的机器人课程开始走进中小学，它凭借较强的趣味性、实践性、探索性和创新性，吸引了众多学生的参与，并极大地调动了学生的积极性，这也使其在越来越多的学校和校外机构中如火如荼地开展起来。然而，不论是学校教育、校外教育，还是家庭教育，都缺乏相应的规范教材，机器人教材的开发与规范迫在眉睫。

"乐高机器人培训丛书"专门针对小学低年级学生设计和开发，旨在为学生提供与他人合作的机会，使学生体会良好的合作需要有效的分工，培养和提升学生的团队合作意识。本套丛书采用乐高9686科学与技术教育套装为教具或学具，课程包括结构与力、简单机械、动力机械、能源转化等科技内容的45个活动案例，秉承"学中玩"的教学理念；采用STEAM跨学科创新教学法，综合运用科学、技术、工程、艺术、数学等多学科知识，使学生不断获得新的体验和技能；遵循4C教育理念，通过"联系—建构—反思—延续"的过程提高学生的学习兴趣，轻松实现创新型教学。

教师在组织教学时，可以安排学生两两合作，两人共用一套器材。课程活动内容分为A、B两部分，其中一部分课程内容是独立的，即两名同学共用一套器材，用不同的零部件搭建同一主题内容的不同模型；大部分课程内容是需要组合的，即同一模型的不同部分最终需要组合在一起才能成为一个完整的模型。书中提供的搭建步骤供教师及学生参考，模型为基础主题模型，建议学生在完成基础模型后对模型进行一定程度的探究，并进行有效的创新。

本套丛书包括"课程指南""搭建指南"和"学生活动手册"，共12本。

（1）"课程指南"：分为上、中、下3册。

（2）"搭建指南"：分为上、中、下3册，每册分为A、B两个版本。

（3）"学生活动手册"：分为上、中、下3册。

本套丛书可作为中小学或校外机构的教学用书，也可作为学生的自学手册。

编　者

2017年1月

目 录

第1课
奇特的形状

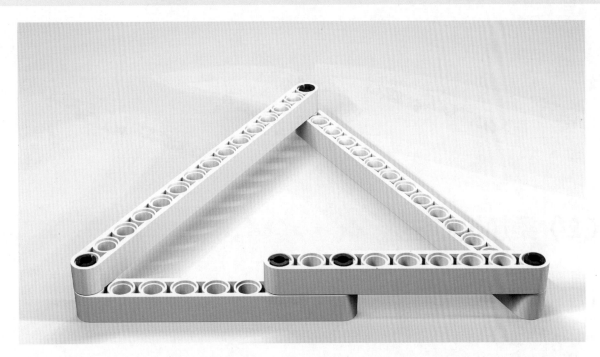

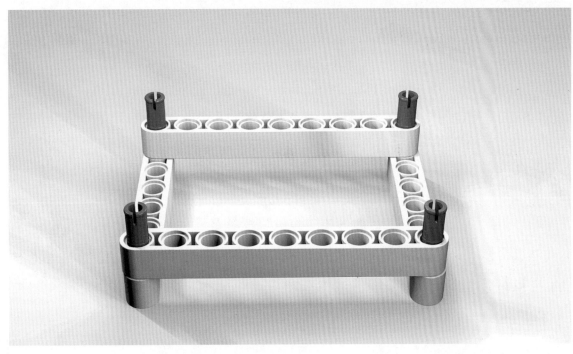

（1）梁连接方法。

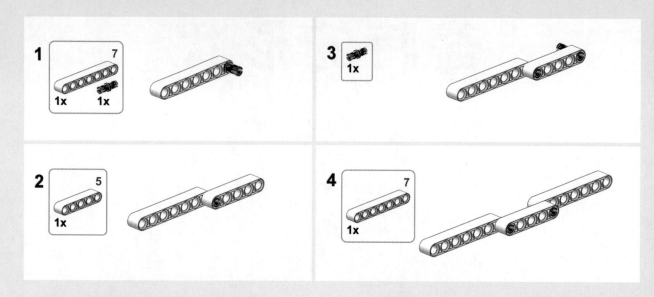

（2）梁加长方法。

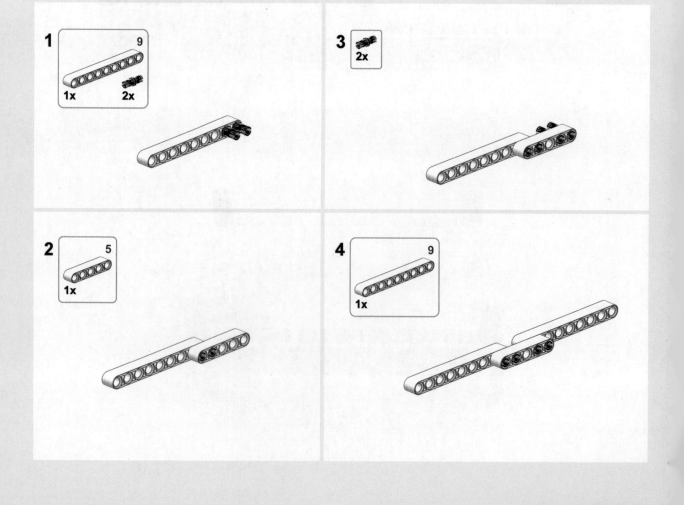

（3）三角形搭建步骤。

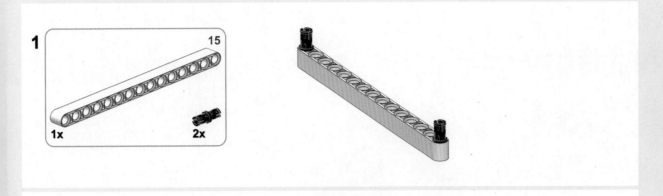

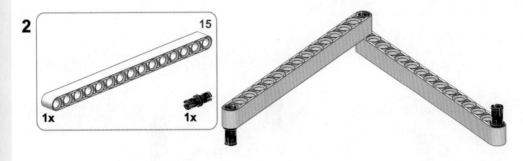

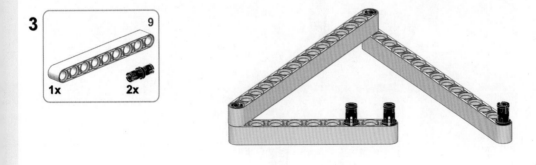

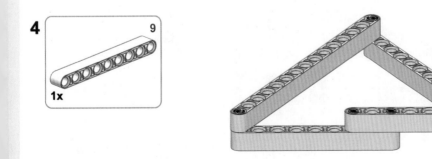

（4）四边形搭建步骤。

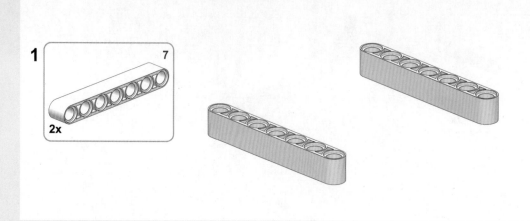

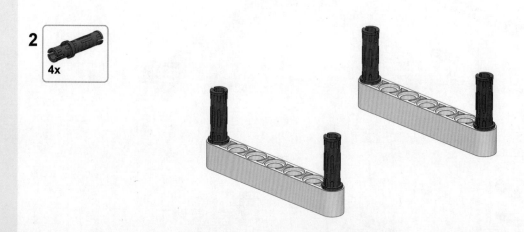

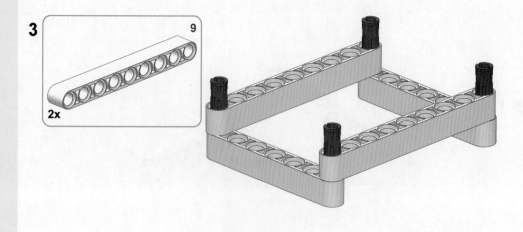

第2课
瞭 望 塔

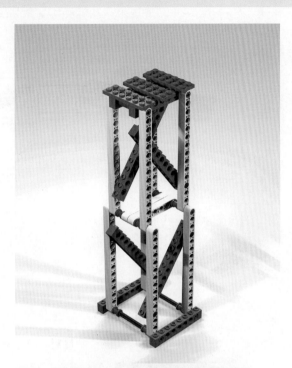

瞭望塔搭建步骤。

1

2

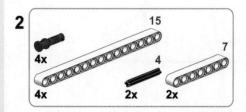

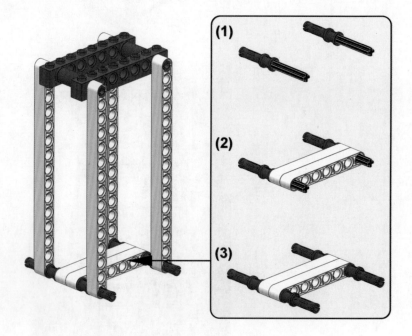

3

15

6

4x 4x 2x

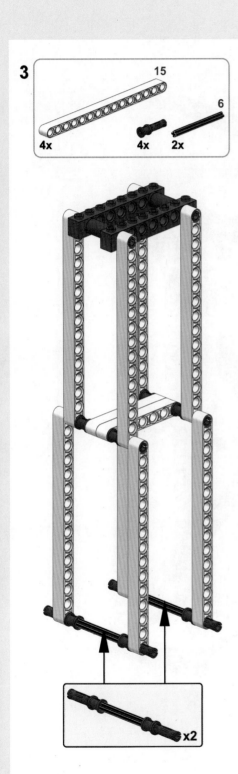

x2

4

1x8

2x

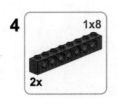

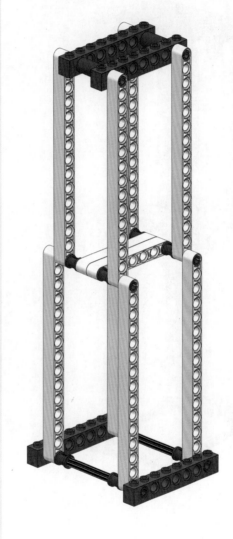

5

6

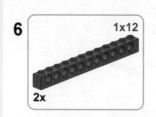

1x12

2x

7
4x

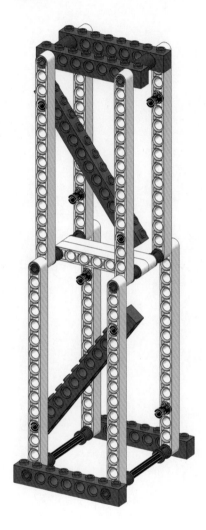

8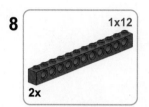

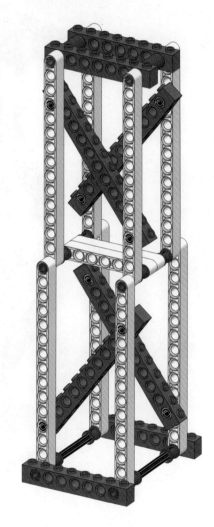

第3课
桁架桥

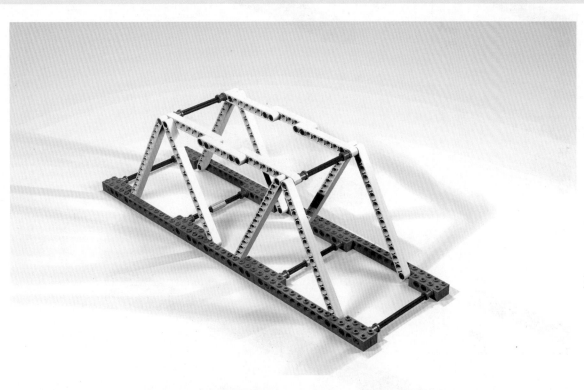

桁架桥搭建步骤。

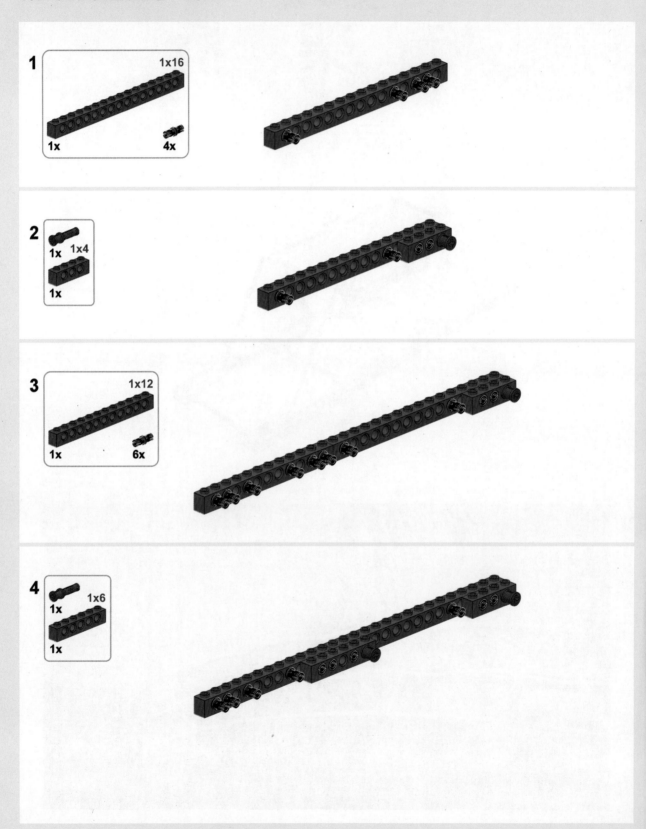

5

1x16

1x 3x

6

1x6

1x 1x

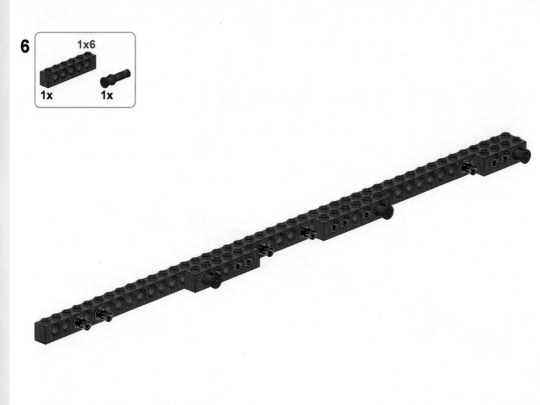

7

1x4

1x 1x

8 15

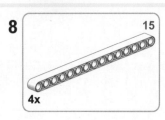

4x

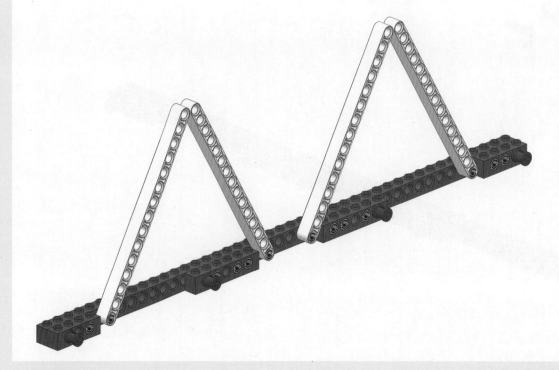

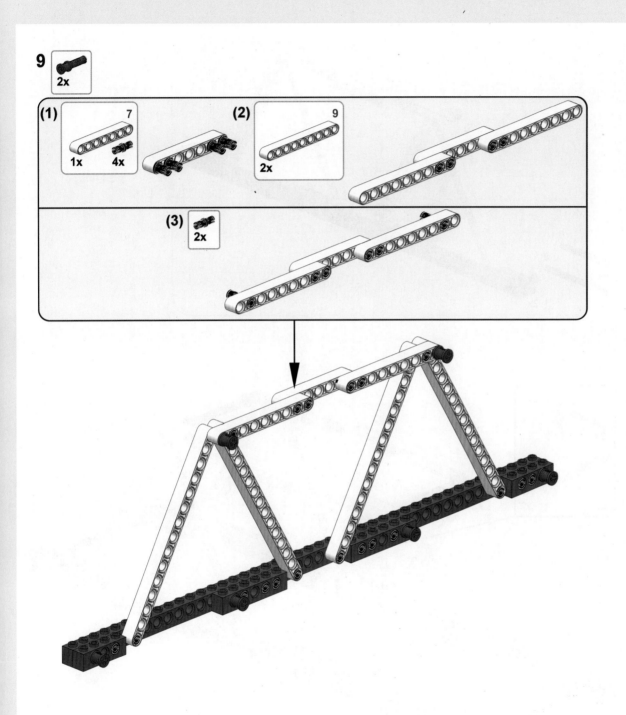

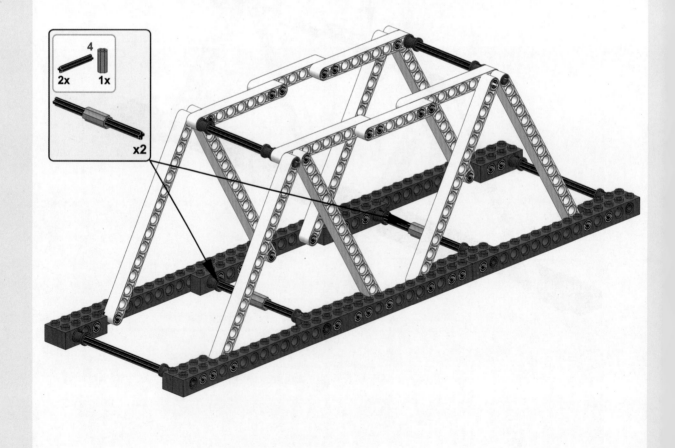

第4课
斜拉桥

斜拉桥（索塔）搭建步骤。

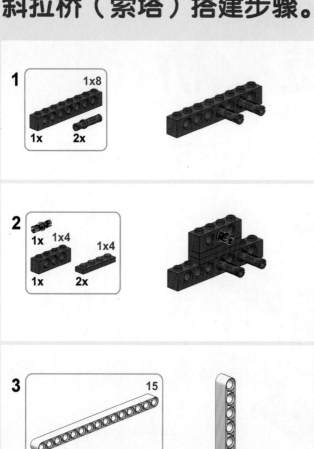

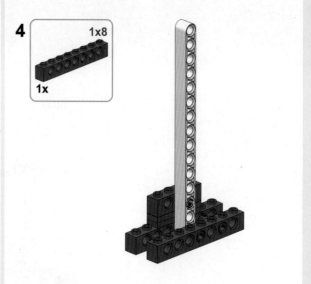

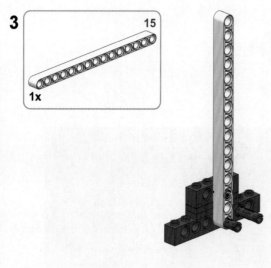

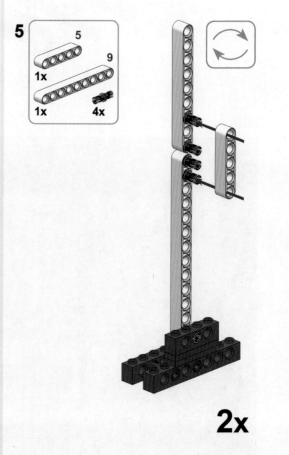

第5课
桌　　　子

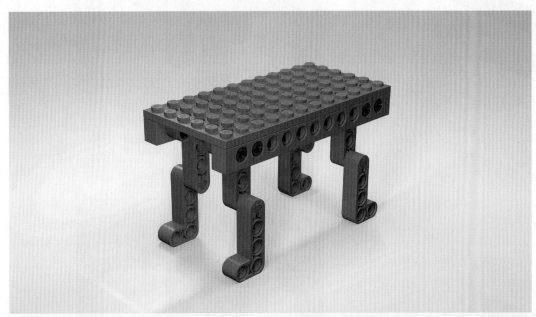

（1）桌子搭建步骤。

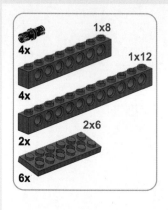

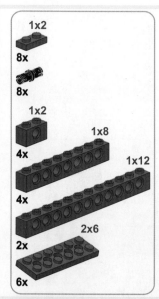

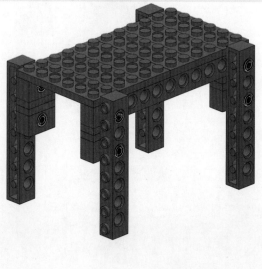

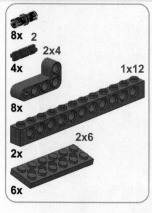

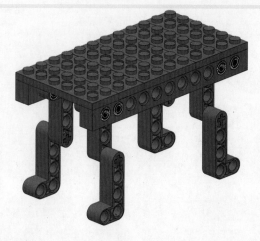

制作完成后通过试验观察桌子是否稳定。

（2）折叠桌搭建步骤。

第6课
折 叠 椅

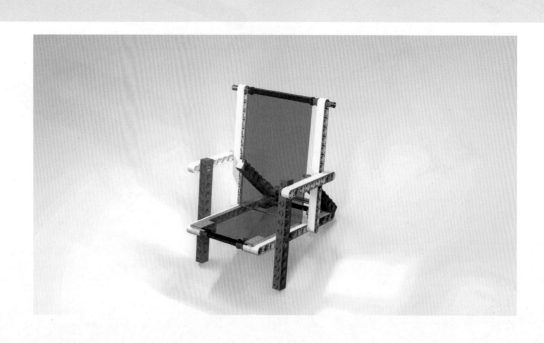

折叠椅搭建步骤。

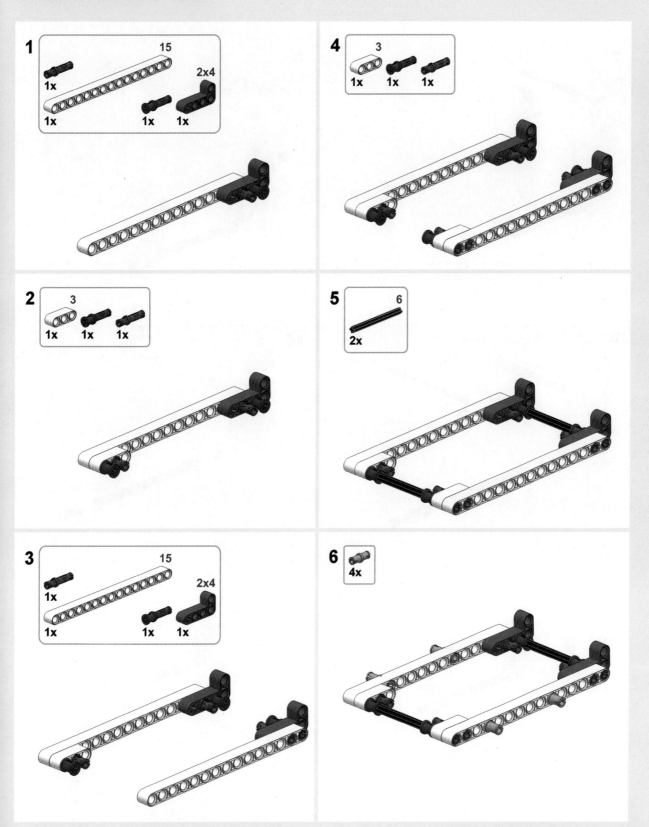

7

10

1x 2x

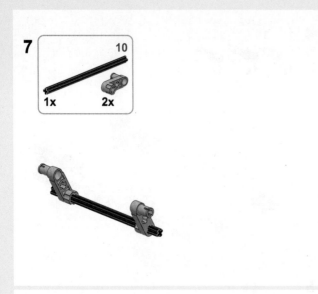

8

7

2x 2x

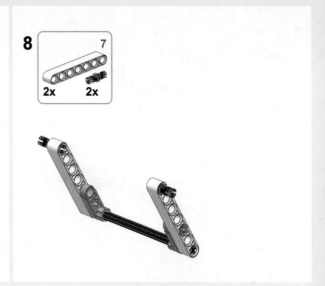

9

15

10

1x 2x 1x

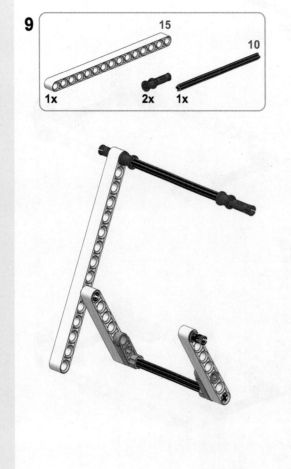

10

15

1x

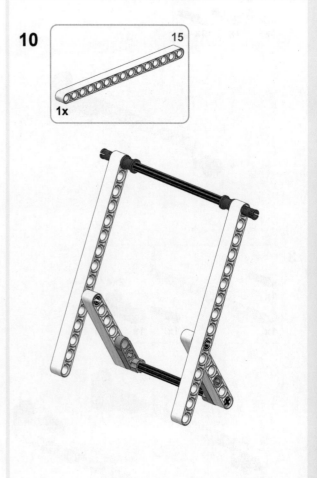

11

1x

12

1x12

2x

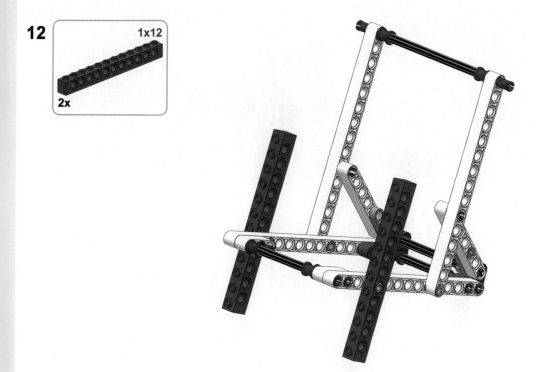

13

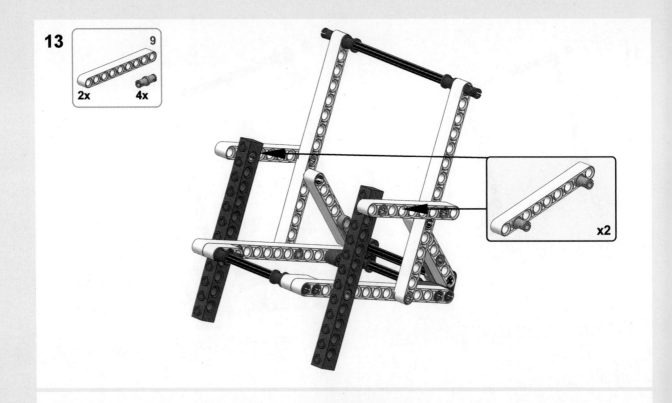

14

蓝色板可以使用纸张和胶带来代替。

第7课
万 向 推 车

（1）万向轮组装步骤。

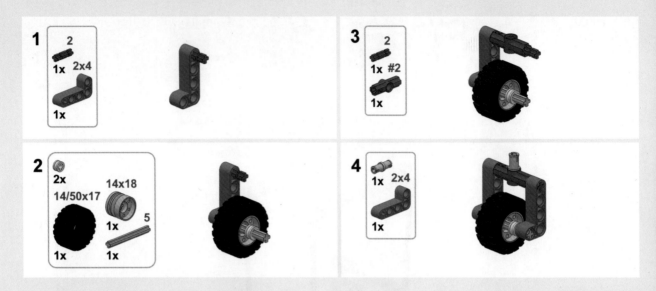

（2）底盘组装步骤。

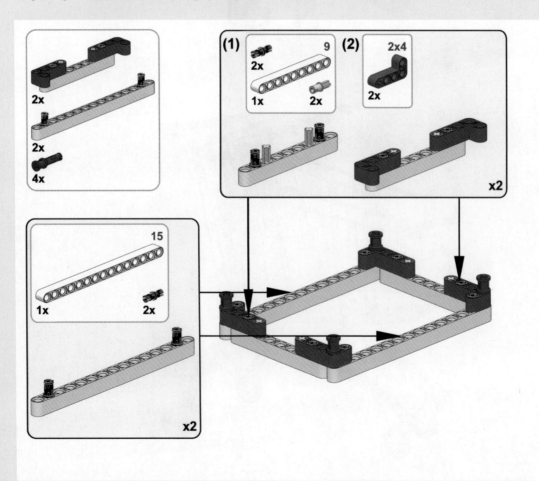

（3）将顶板、底盘、4个万向轮和4根轴组装成万向推车。

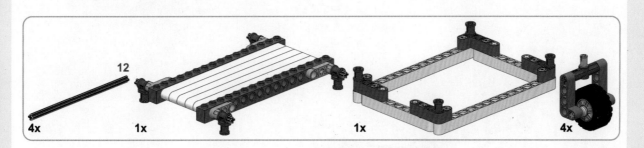

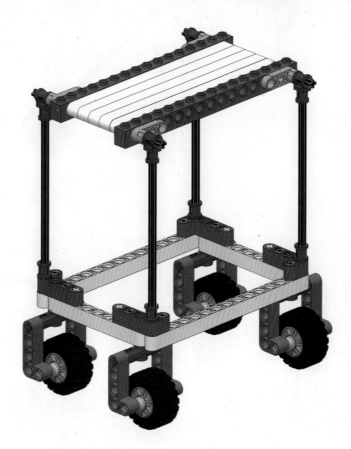

第8课
不 倒 翁

不倒翁搭建步骤。

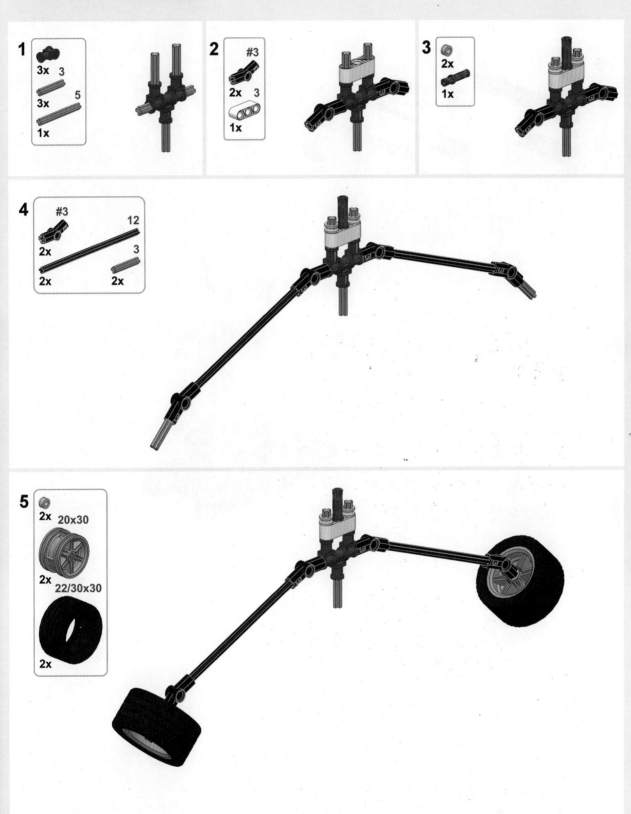

1
3x 3
3x 5
1x

2
#3
2x 3
1x

3
2x
1x

4
#3
2x
2x 12
2x 3

5
2x 20x30
2x 22/30x30
2x

6

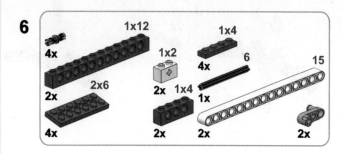

7

1x   1x

第9课
跷 跷 板

（1）跷跷板搭建步骤。

1

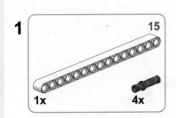

2

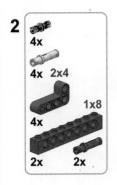

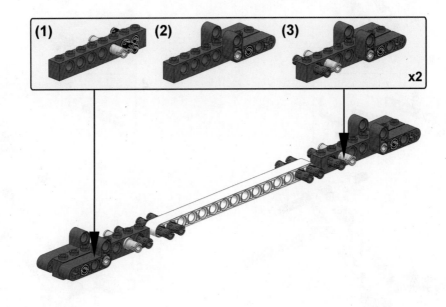

3

（2）底座搭建步骤。

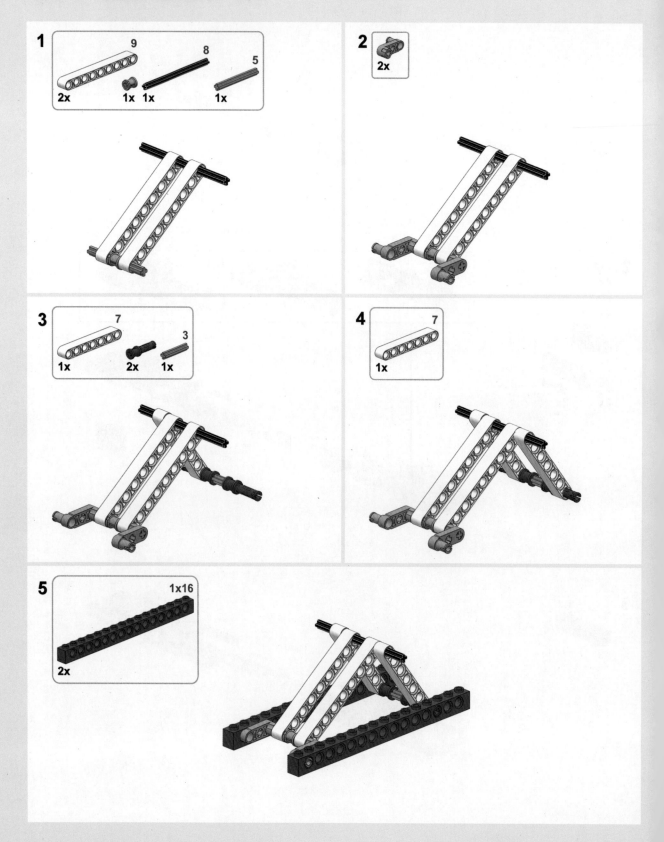

（3）将跷跷板与底座组合。先将轴拔出一半，安上
跷跷板后再插回去。

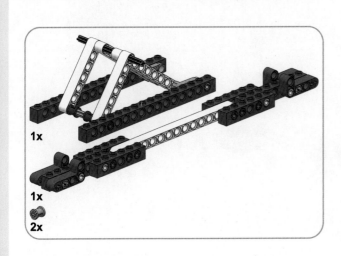

第10课
天　　平

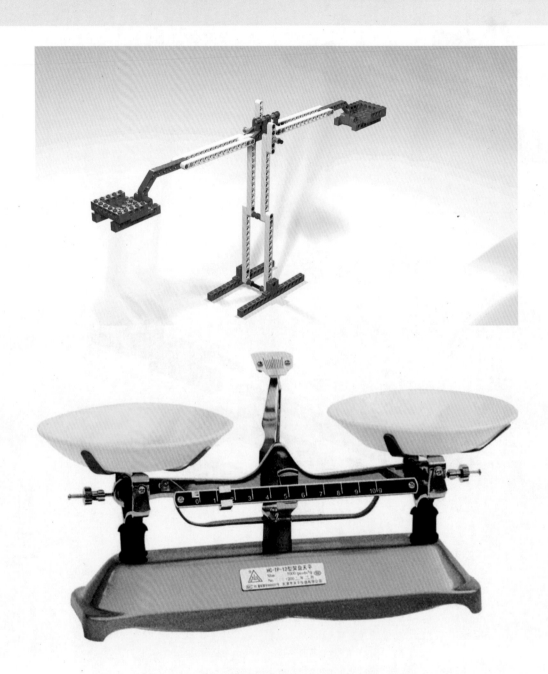

（1）托盘搭建步骤。

x2

（2）横梁搭建步骤。

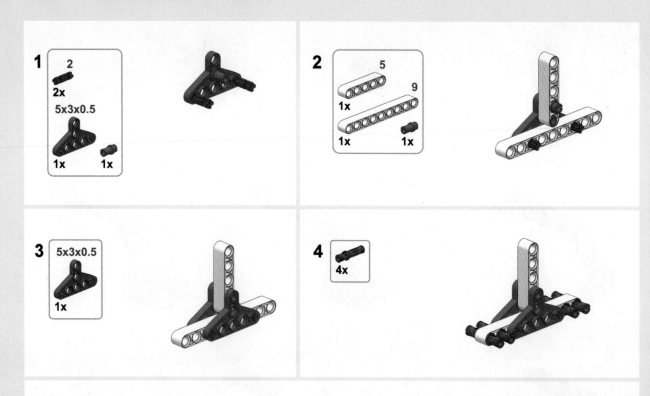

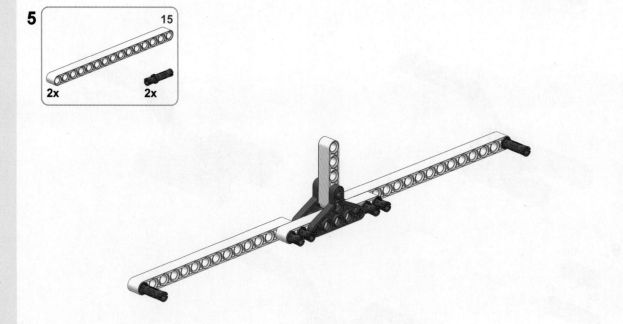

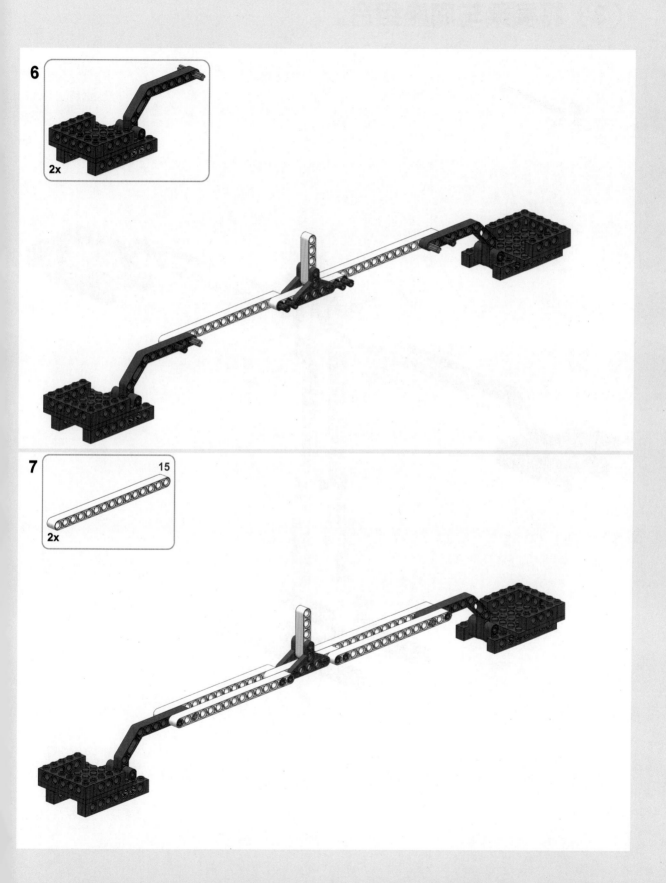

（3）将横梁与底座组合。

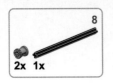

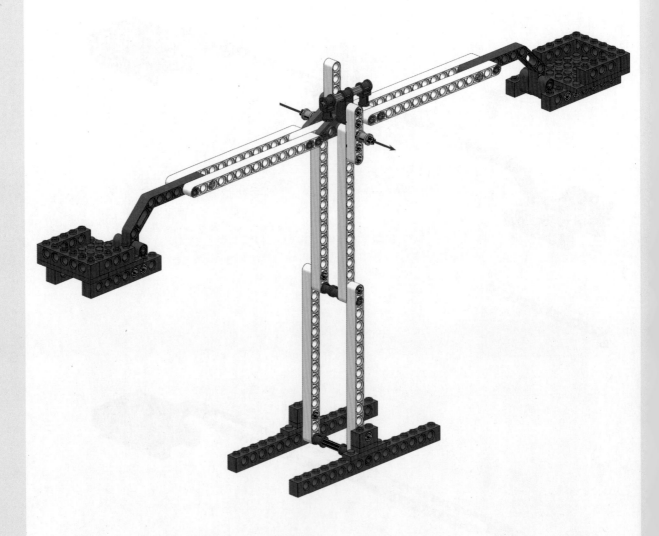

第11课
齿轮组合

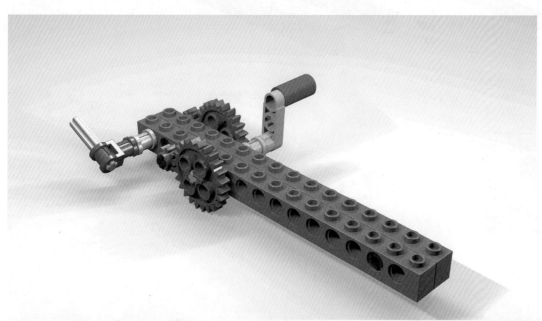

（1）G1，第1种齿轮组合。

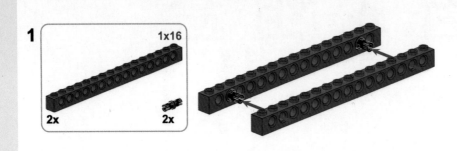

 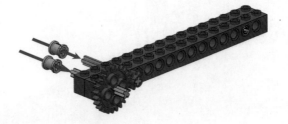

（2）G2，第2种齿轮组合。

1
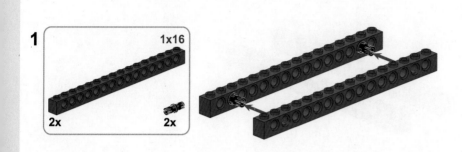

1x16
2x　　　2x

2

24
2x
5
2x　　2x

3
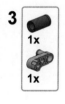
1x
1x

4

1x 3
1x

（3）G3，第3种齿轮组合。

1

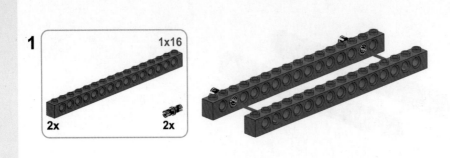

2

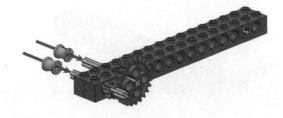

3

4

（4）G4，第4种齿轮组合。

1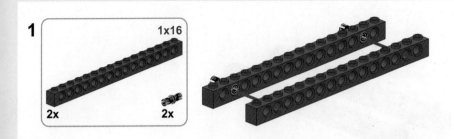

1x16
2x   2x

2

24
2x   5
2x   2x

3

1x
1x

4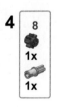

8
1x
1x

5

1x 3
1x

（5）G5，第5种齿轮组合。

1 1x16

2x 2x

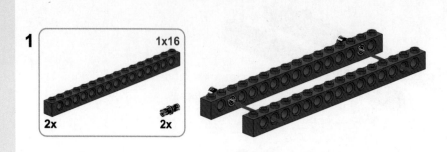

2
2x 4 8
1x 2x 24
2x 5 2x

3
1x 1x

4 3
1x 1x

（6）G6，第6种齿轮组合。

1 1x16
2x 2x
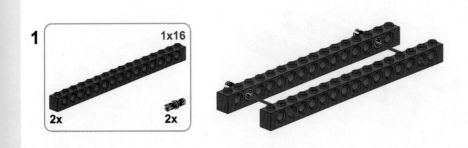

2
2x 4
1x 5
2x 2x 2x 24 8

3
1x 1x

4
1x 3
1x

（7）G7，第7种齿轮组合。

1

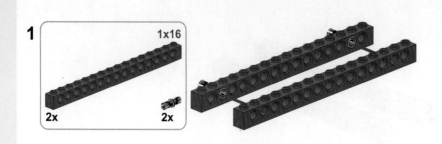

2

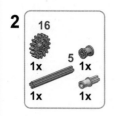

3

4

5

第12课
陀　　螺

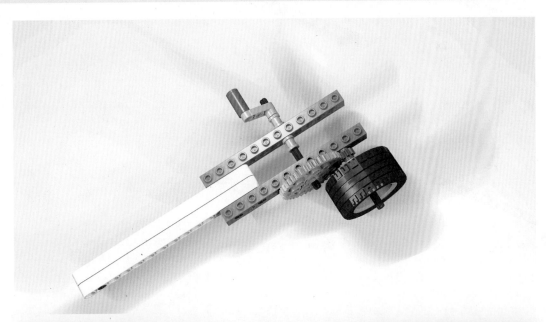

陀螺搭建步骤。

1 15
1x 2x

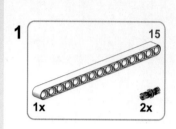 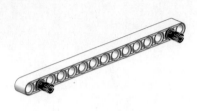

2 15
1x

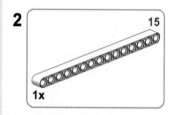 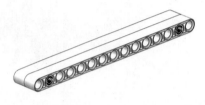

3
4x

4 8
1x12
1x
1x 3x

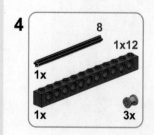 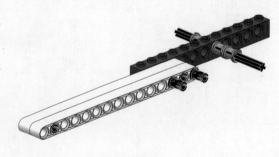

5

2x4
2x

1x12
1x

6

1x 40

1x 1x

7

1x

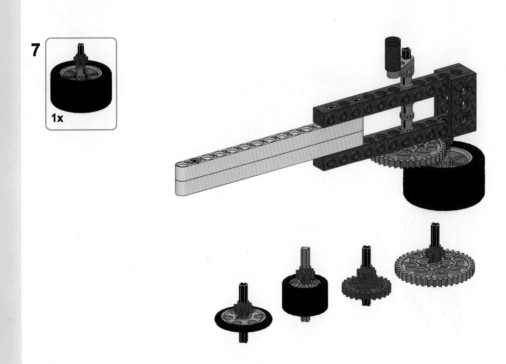

第13课
搅　拌　器

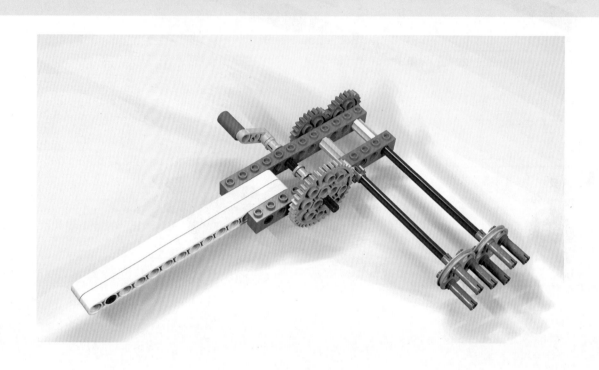

搅拌器搭建步骤。

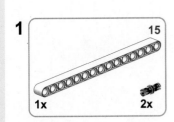

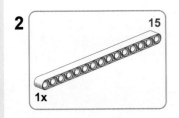

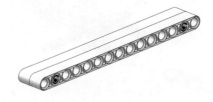

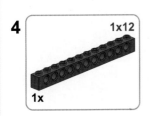

5

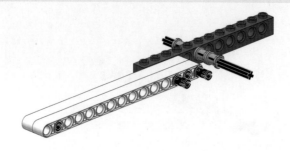

6

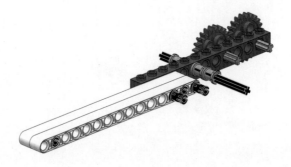

7

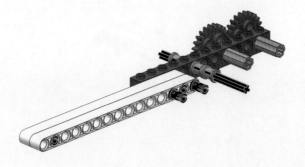

8

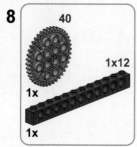

9

8 12
1x
2x 6x 2x

x2

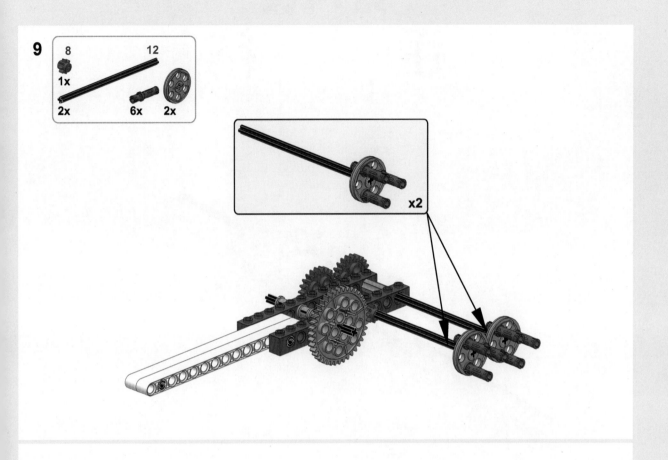

10
1x 1x

第14课
手　　钻

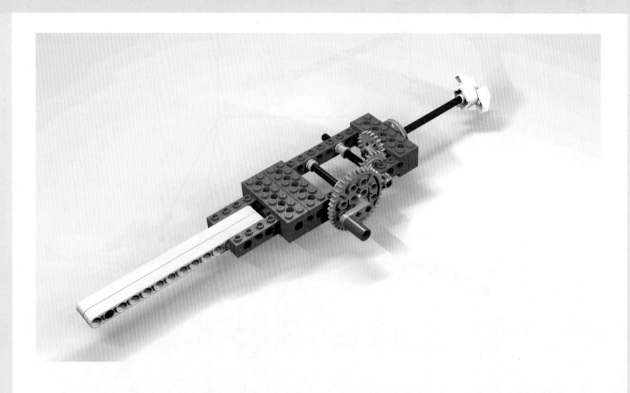

手钻搭建步骤。

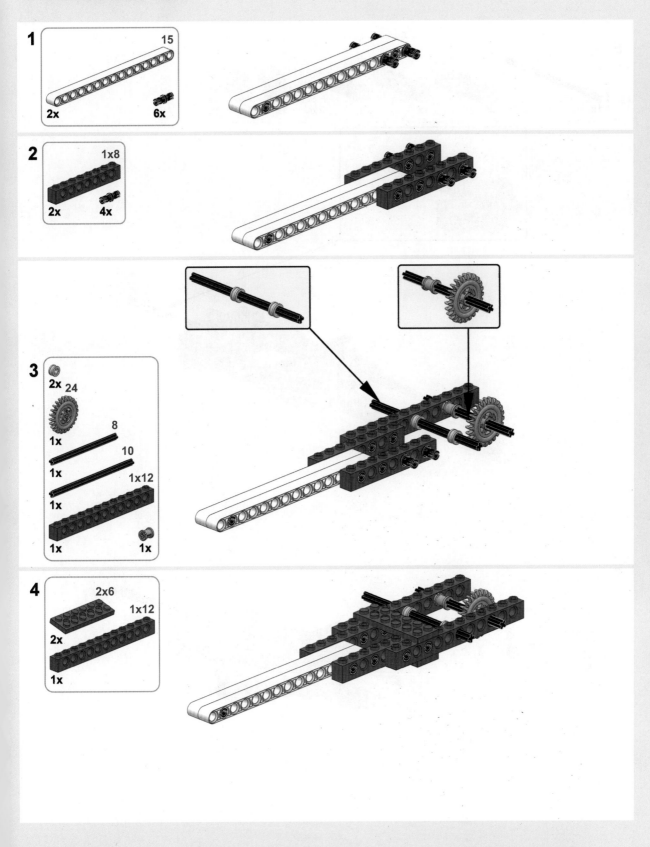

5

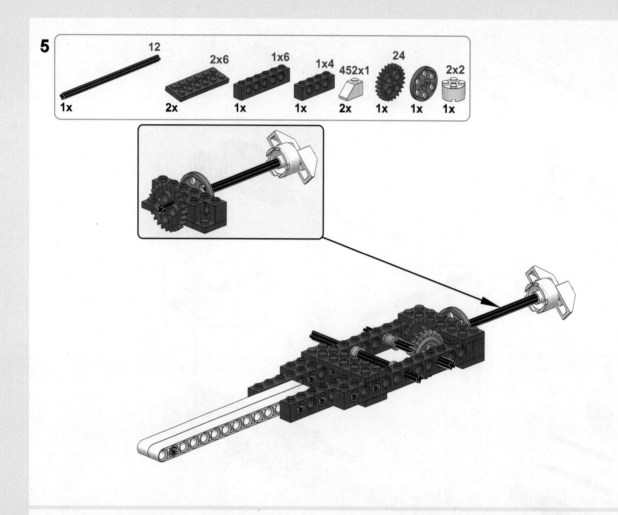

6

S1 （齿轮比 40：8 ➜ 24：24）

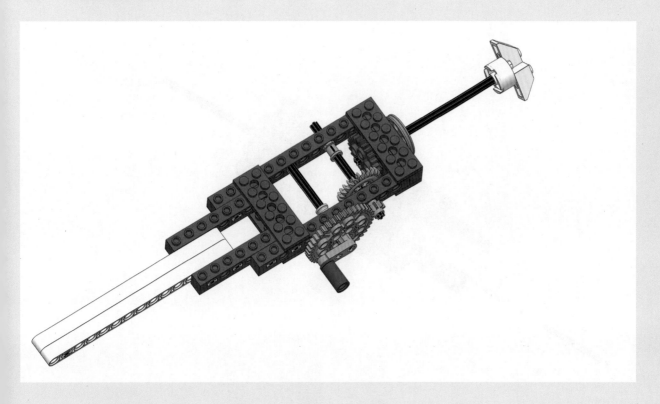

S2 （齿轮比 40：8 ➜ 24：16）

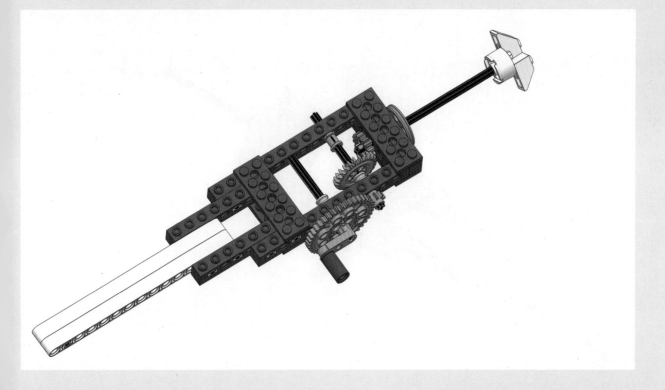

S3 （齿轮比 40：8→24：8）

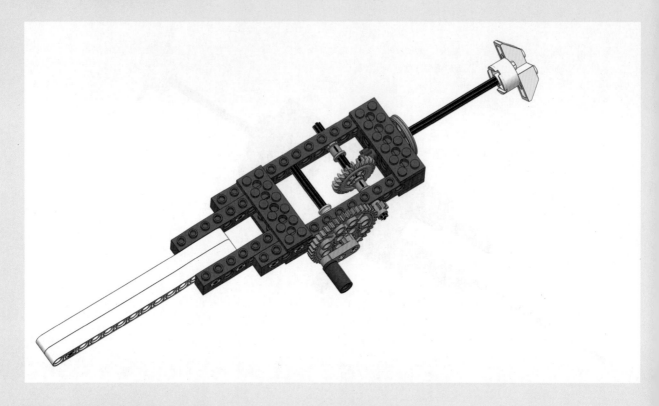

S4 （齿轮比 40：8→20：20）

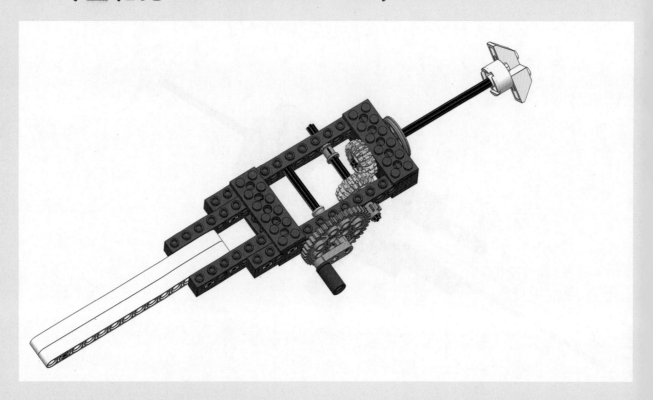

S5 （齿轮比 40∶8→20∶12）

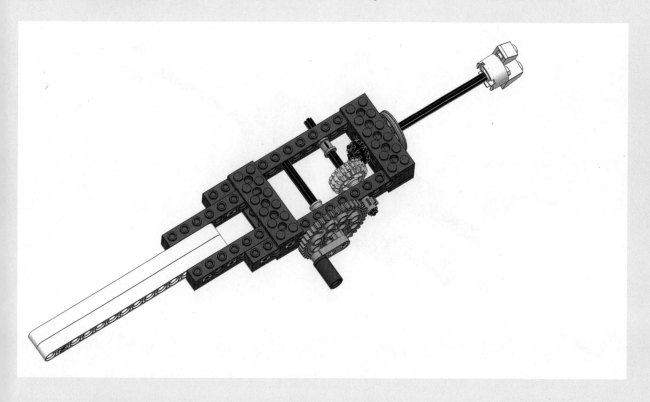

S6 （齿轮比 40∶8→20∶20）

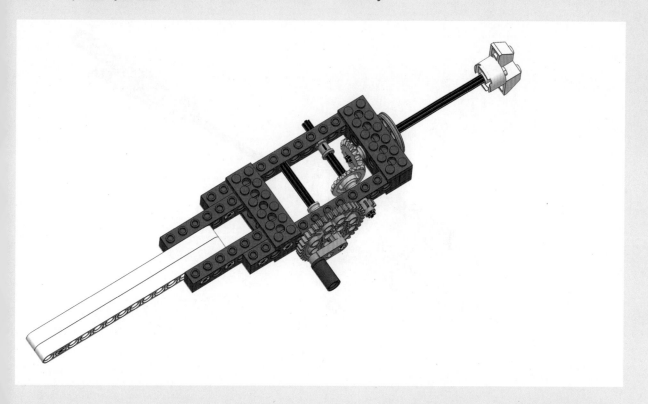

S7 （齿轮比 40：8 → 20：12）

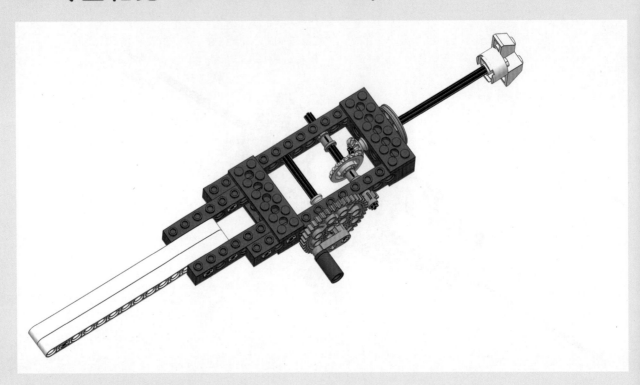

S8 （不同的钻头）

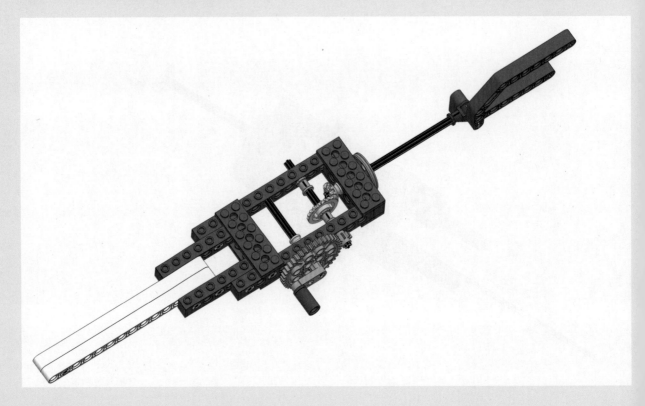

道闸搭建步骤。

1

1x8 **2x**
2x6 **2x**

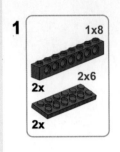

2

1x
6 1x
1x
1x6 1x
2x 1x

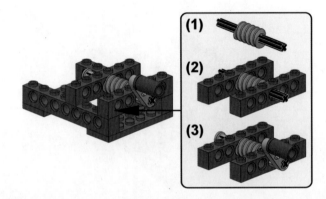

(1)

(2)

(3)

3

1x4 **2x**

4

16 1x
1x4
8 2x
1x 2x

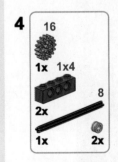
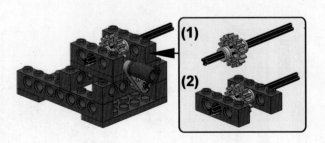

(1)

(2)

5

2x4

1x

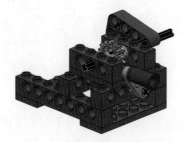

6

2x

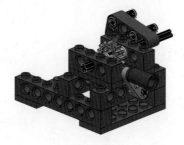

7

15

1x

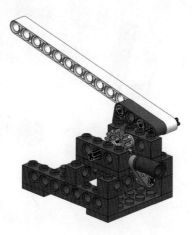

附录A
LEGO 9686器材说明

　　LEGO 9686 套装器材是乐高 2009 年发布的教育器材，共有 396 个零件，中文名称为简单动力机械套装。乐高公司官方提供的资料包含 10 个原理模型和 18 个主模型，同时配备有课堂活动手册，知识涵盖数学、物理、科学、技术等方面。

　　学习价值：

- 搭建现实的机器与机械模型。
- 探索机器动力来源与原理。
- 使用塑料板研究校准和捕捉风能。
- 研究齿轮机械原理。

LEGO 9686零件表

序号	图　片	数量	颜色	名　称	LEGO ID	LDRaw ID
1		8	蓝色	1×2板	302323	3023
2		4	蓝色	1×4板	371023	3710
3		6	蓝色	2×4带孔板	370923	3709
4		8	蓝色	2×6带孔板	3200123	32001
5		2	蓝色	2×8带孔板	373823	3738
6		4	蓝色	1×2带孔砖（凸点梁）	370023	3700
7		4	蓝色	1×4带孔砖（凸点梁）	370123	3701
8		4	蓝色	1×6带孔砖（凸点梁）	389423	3894
9		4	蓝色	1×8带孔砖（凸点梁）	370223	3702
10		10	蓝色	长摩擦销	4514553	6558

续表

序号	图　片	数量	颜色	名　称	LEGO ID	LDRaw ID
11		8	蓝色	4×2角梁	4124278	32140
12		4	蓝色	4×6角梁	4107796	6629
13		2	蓝色	双角梁	4107795	32009
14		4	蓝色	1×12带孔砖（凸点梁）	389523	3895
15		4	蓝色	1×16带孔砖（凸点梁）	370323	3703
16		15	红色	2号轴	4142865	32062
17		14	红色	带轴套的销	4125198	32054
18		4	红色	2号角度连接器	4125208	32034
19		10	红色	轴交叉连接器	4118897	32039

续表

序号	图　片	数量	颜色	名　称	LEGO ID	LDRaw ID
20		2	红色	轴销连接器	4175442	42003
21		2	红色	圆管（销连接器）	4526984	62462
22		2	白色	1×2方孔砖	4113841	32064
23		2	白色	2×4砖	300101	3001
24		2	白色	2×2圆砖	614301	6143
25		2	白色	1×4光面板	243101	2431
26		4	白色	1×2斜面砖	304001	3040
27		2	白色	3孔梁	4157532	32523
28		2	白色	5孔梁	4140465	32316
29		2	白色	7孔梁	4142969	32524
30		4	白色	9孔梁	4156341	40490
31		8	白色	15孔梁	4141998	32278

续表

序号	图　　片	数量	颜色	名　　称	LEGO ID	LDRaw ID
32		28	黑色	摩擦销	278026	2780
33		2	黑色	转向连接器 （凸点梁）	4114670	32068
34		2	黑色	避震臂	4114671	32069
35		6	深灰色	3/4滑销	4211050	32002
36		4	深灰色	1号角度连接器	4210658	32013
37		4	黑色	3号角度连接器	4107082	32016
38		4	黑色	滑轮轮胎	281526	2815
39		4	黑色	30.4×14轮胎	4140670	30391
40		4	黑色	43.2×22轮胎	4184286	44309
41		16	黄色	半轴套	4239601	32123
42		12	米黄色	轴销	4186017	6562
43		4	米黄色	长滑销	4514554	32556

续表

序号	图　　片	数量	颜色	名　称	LEGO ID	LDRaw ID
44		16	浅灰色	轴套	4211622	6590
45		8	浅灰色	滑销	4211807	3673
46		8	浅灰色	轴连接器	4512360	59443
47		4	浅灰色	带手柄的销	4211688	33299
48		4	深灰色	带末端的轴	4211086	6587
49		8	浅灰色	3M轴	4211815	4519
50		4	浅灰色	5M轴	4211639	32073
51		8	黑色	4M轴	370526	3705
52		2	黑色	6M轴	370626	3706
53		2	黑色	8M轴	370726	3707
54		2	黑色	10M轴	373726	3737
55		6	黑色	12M轴	370826	3708
56		1	彩色	人仔——盖瑞		

续表

序号	图　片	数量	颜色	名　称	LEGO ID	LDRaw ID
57		1	彩色	人仔——吉尔		
58		6	深灰色	8齿齿轮	4514559	3647
59		4	深灰色	24齿齿轮	4514558	3648
60		2	浅灰色	16齿齿轮	4211563	4019
61		4	浅灰色	冠状齿轮	4211434	3650
62		2	浅灰色	40齿齿轮	4211433	3649
63		6	米黄色	12齿锥齿轮	4140445	6589
64		2	米黄色	20齿锥齿轮	4514557	32198
65		2	米黄色	20齿双锥齿轮	6084724	32269
66		2	黑色	12齿双锥齿轮	4177431	32270

序号	图　片	数量	颜色	名　称	LEGO ID	LDRaw ID
67		2	浅灰色	齿条	4211450	3743
68		1	黑色	8M齿条	4118985	6630
69		2	白色	橡皮筋	70902	85543
70		2	红色	橡皮筋	4100396	85544
71		2	黄色	橡皮筋	70905	85546
72		1	浅灰色	万向节	4525904	61903
73		1	浅灰色	卷线筒	4161973	32012
74		4	浅灰色	滑轮	4211544	4185
75		4	浅灰色	18×14轮毂	4490127	55982
76		4	浅灰色	30×20轮毂	4297210	56145
77		2	浅灰色	蜗杆	4211510	4716

续表

序号	图　片	数量	颜色	名　称	LEGO ID	LDRaw ID
78		4	深灰色	凸轮	4210759	6575
79		2	深灰色	三角梁	6010862	99773
80		1	深灰色	差速器	4525184	62821
81		2	黑色	两端带颗粒的绳子	4528334	14226c41
82		1	黑色	绳子	4276325	56823c200
83		1	黑色	重力块	73843	73090b
84		1	黑色	电动机延长线	4514332	60656

序号	图　　片	数量	颜色	名　　称	LEGO ID	LDRaw ID
85		1	深灰色	电动机	6012286	58120
86		1	浅灰色	电池盒	4506078	58119
87		10	蓝色	塑料片	4500588	57046